Marie Tolkemit

Trainingsprotokoll Unternehmensberatung

GRIN Verlag

Bibliografische Information der Deutschen Nationalbibliothek:

Die Deutsche Bibliothek verzeichnet diese Publikation in der Deutschen National-
bibliografie; detaillierte bibliografische Daten sind im Internet über http://dnb.d-
nb.de/ abrufbar.

Dieses Werk sowie alle darin enthaltenen einzelnen Beiträge und Abbildungen
sind urheberrechtlich geschützt. Jede Verwertung, die nicht ausdrücklich vom
Urheberrechtsschutz zugelassen ist, bedarf der vorherigen Zustimmung des Verla-
ges. Das gilt insbesondere für Vervielfältigungen, Bearbeitungen, Übersetzungen,
Mikroverfilmungen, Auswertungen durch Datenbanken und für die Einspeicherung
und Verarbeitung in elektronische Systeme. Alle Rechte, auch die des auszugsweisen
Nachdrucks, der fotomechanischen Wiedergabe (einschließlich Mikrokopie) sowie
der Auswertung durch Datenbanken oder ähnliche Einrichtungen, vorbehalten.

Impressum:

Copyright © 2010 GRIN Verlag GmbH
Druck und Bindung: Books on Demand GmbH, Norderstedt Germany
ISBN: 978-3-640-98816-7

Dieses Buch bei GRIN:

http://www.grin.com/de/e-book/177315/trainingsprotokoll-unternehmensberatung

Institut für Agrarsoziologie
und Beratungswesen
Senckenbergstr. 3
35390 Gießen

Protokoll

Modul BP 83: Agrar- und Unternehmensberatung

Datum des Trainings: 05.05.2010

Abgabetermin: 26.05.2010

Referent:

Marie Tolkemit

Inhaltsverzeichnis

1. Einleitung

Während einer Beratung unterstützt der Berater (B) den Ratsuchenden (RS) bei der Lösung seines Problems. Der Beratungsprozess sollte dabei von Seiten des B immer als „Hilfe zur Selbsthilfe" gestaltet werden *(Boland, 1991)*, d. h. der B sollte den RS dazu befähigen sein Problem selbst zu lösen *(Albrecht, 1969)*. Das Ziel des Beraters sollte es dabei letztendlich sein sich überflüssig zu machen *(Boland, 1991)*. Soweit die Beratungstheorie. Während des Trainingstages am 5. Mai konnten die Teilnehmer Beratung auch einmal praktisch erleben, indem jeder Teilnehmer jeweils einmal die Rolle des B und des RS annahm. Zuerst wurden zwei Rollenspiele im Plenum gespielt und im Anschluss von diesem analysiert. Danach erfolgte die Aufteilung in Kleingruppen in welchen nun jeder Teilnehmer in die Rolle von B und RS schlüpfen konnte. Im Rahmen des Trainingstages wurde schnell klar, dass Beratung ein sehr komplexer Prozess ist, bei welchem viele Faktoren mit einspielen. Im Folgenden werden das plenare Rollenspiel sowie einer der in den Kleingruppen gespielten Fälle dargestellt und das darin gezeigte Verhalten des Beraters erörtert.

2. Plenares Rollenspiel

Thema: Studienberatung
Ort: Arbeitsamt, Büro der Beraterin

Die Beraterin (B) begrüßt die Ratsuchende (RS) freundlich und stellt sich namentlich vor, zudem bittet die B die RS Platz zu nehmen. Die RS beginnt sogleich über die Anreise zu sprechen. Dies wird von der B aufgegriffen.
Diese anfängliche Interaktion lässt die RS im Gespräch ankommen und führt zu einer gemeinsamen Gesprächsbasis (Boland,1991).
Die Beraterin erfragt nun den Namen der RS, da diese ihren Namen noch nicht genannt hat, sowie das Anliegen ihres Kommens. Die RS berichtet daraufhin in einer sehr überschwänglichen Weise von ihrem Wunsch Mathematik zu studieren. Sie hat zudem bereits einen naturwissenschaftlichen Test durchgeführt, mit einem schlechten Resultat und im Mathematikabitur 6 Punkte geschrieben. Sie erwähnt hierbei zum ersten Mal ihre Eltern. Den Aussagen der RS nach, möchten diese, dass ihre Tochter einen anderen Weg einschlägt und scheinen ihre Studienpläne nicht zu unterstützen. Auch von Seiten ihrer Freunde, welche ihr mehr die Sozial- und Geisteswissenschaften zutrauen, ist sie verunsichert. Die RS fragt daher: "Was soll ich jetzt tun? Ich weiß es nicht!". Die B antwortet

nicht auf diese Frage sondern behält die führende Position und stellt RS erst einmal Fragen bzgl. ihrer derzeitigen schulischen Situation (Abitur, geplanter Studienbeginn, Abschneiden in Naturwissenschaftlichen Fächern). Aufgrund der Schilderungen der RS wird deutlich, dass diese für das reine Mathematikstudium nicht ausreichend qualifiziert ist. Daher versucht die B, in Form einer Frage, der RS mehrere Studienmöglichkeiten, welche Mathematik als Bestandteil haben (Mathematik-, Lehramts-, Betriebswirtschaftslehrestudium (im Weiteren BWL-Studium)) zu präsentieren und sie zu einer Alternative zu bewegen.

Die aufgezählten Möglichkeiten trennt sie jeweils durch das Wort oder ab und lässt der RS nicht ausreichend Zeit, die einzelnen Vorschläge auf sich wirken zu lassen. Dies kann zur Folge haben, dass die RS sich hauptsächlich auf die zuletzt genannte Option konzentriert, hier das BWL-Studium. Es ist hierbei anzumerken, dass sich die RS durch die genannten Vorschläge evtl. zu einer Entscheidung gedrängt fühlt ohne die genannten Möglichkeiten ausreichend reflektiert zu haben. Dies geht mit der Zielsetzung von Beratung „Hilfe zu Selbsthilfe" nicht konform (Boland, 1991, S.4).

Die RS fügt hinzu, dass sie das Studienfach wählen möchte, wo es später das beste Gehalt gibt. Die B greift diese Aussage auf und paraphrasiert: „Also Geld spielt für Sie schon eine Rolle".

Das Paraphrasieren ist ein Hilfsmittel des aktiven Zuhörens und ermöglicht es dem Zuhörenden zu erkennen, ob er das Gesagte richtig verstanden hat und es zeigt dem Sagenden, dass sich der Zuhörende über das von ihm Geäußerte Gedanken macht (Crisand, Crisand 2000).

Die RS äußert daraufhin ihre recht übertriebenen Vorstellungen in Bezug auf ihren zukünftigen Lebensstandard. Die B muss daraufhin Lachen, gibt der RS aber dennoch das Gefühl ernst genommen zu werden, indem sie der RS die Möglichkeit eines BWL Studiums in Form einer Suggestivfrage darlegt („Und da wäre z. B. BWL keine Option?").

Suggestivfragen helfen dem Berater bei der begleitenden Zielführung (Boland, 2010).

Im Folgenden äußert die RS die Möglichkeit, durch eine Heirat an Geld zu kommen. Die B antwortet daraufhin: "<u>Man sollte</u> schon darauf achten, dass man selbstständig bleibt."

Solche Aussagen sind zu vermeiden, da diese Gesprächshemmer darstellen. Die Gesprächsebene ist in einem solchen Moment nicht mehr partnerschaftlich sondern non-direktiv, da sich die B belehrend verhält und versucht bestimmte Normen an die RS weiterzugeben.

Die RS führt das Gespräch mit der Frage weiter, ob die B ihr von einem Mathematikstudium abraten würde. Die B erwidert, dass die schulischen Leistungen im Studium weniger von Bedeutung sind sondern es vielmehr auf das vorhandene Interesse am Fach ankommt. Die RS gibt der B recht, erwähnt jedoch erneut ihre Eltern.

An dieser Stelle wäre es vorteilhaft, wenn die B die Beziehung der RS zu ihren Eltern ansprechen würde, da deutlich wird, dass dort Spannungen existieren und die Eltern großen Einfluss auf die Unsicherheit der B haben (Boland, 2010 F. 19 V.3).

Die B rät nicht direkt vom Mathematikstudium ab, führt jedoch an, dass die Noten aus dem Abitur bzgl. Der Zulassungsbeschränkungen problematisch sein könnten. Die B gibt daher die Empfehlung etwas zu studieren, was Mathematik als wesentlichen Bestandteil beinhaltet, jedoch nicht das reine Mathematikstudium. Als eine mögliche Alternative nennt die B den Studiengang Ökotrophologie und beschreibt dessen Inhalte. Die RS fasst dies positiv auf und findet die Verknüpfungsmöglichkeiten mit den von ihr genannten Interessen gut. Jedoch sieht sie nicht die Möglichkeit das Philosophiestudium mit den Studieninhalten der Ökotrophologie zu verknüpfen. Die B lacht daraufhin erneut, und erwähnt, dass dies durch die erlangte Selbstständigkeit beim Studieren gegeben sei, zudem erwähnt sie, dass man sich im Studium von den Eltern lossagt.

Dieser Kommentar der B ist unangemessen, da die RS schon mehrfach ihre Eltern erwähnt hat und diese eine wichtige Rolle in ihrem Leben zu spielen scheinen.

Die RS ist jedoch von der Argumentation der B überzeugt und scheint mit der Studienfachwahl Ökotrophologie zufrieden zu sein. Sie stellt der B im Anschluss einige Fragen zum Bewerbungsprozess, welche die B souverän beantwortet. Nachdem nun alles geklärt scheint, fragt die B die RS ob diese noch Fragen hat. Die RS fragt daraufhin nach dem Lebenslauf der B. Die B schildert daraufhin ihren eigenen beruflichen Werdegang.

Mit dieser Frage übernimmt die RS die Gesprächsführung. An dieser Stelle wäre es daher vielleicht besser gewesen, wenn die B anstatt die Frage zu beantworten, diese abgeblockt hätte mit dem Argument, das die Situation der RS nun schon besprochen wurde und ihre eigene Situation hier nicht zur Debatte steht. Die B erwähnt bei der Schilderung ihres Werdegangs auch, dass man sich später immer noch umorientieren kann, dieser Hinweis ist ungünstig, da sie die RS damit in Bezug auf die Studienwahl noch weiter verunsichern könnte.

Zusammenfassend ist anzumerken, dass das Gesprächsklima während des Gesprächs sehr angenehm ist, dies lag sicher auch an der gleichberechtigten Anordnung der Sitzmöglichkeiten sowie der interessierten Körpersprache der Beraterin. Zu Beginn des Gesprächs sind die Gesprächsanteile non-direktiv, die RS dominiert, später sind die Gesprächsanteile partnerschaftlich. Die B wirkt im Beratungsgespräch jederzeit fachlich kompetent. Sie hat den Aussagen der RS sehr aufmerksam gefolgt, in passenden Situationen paraphrasiert und sich Notizen zum Sachverhalt gemacht. Negativ aufgefallen ist das häufige Lachen der B, welches von der RS als Abwertung empfunden werden könnte, wodurch die Gefahr besteht, dass sich die RS mit ihrem Problem möglicherweise nicht ernst genommen fühlt.

3. Eigenes Rollenspiel

Thema: Tierberatung
Ort: Büro des Tierberaters

Der Berater (B) begrüßt die Ratsuchende (RS) höflich und stellt sich namentlich vor. Die RS nennt ihren Namen, woraufhin der B die RS bittet Platz zu nehmen. Der B fragt die RS nach der Dauer ihrer Anreise und ob diese die Örtlichkeiten schnell gefunden hat. Die RS berichtet von ihrer Anreise und bedankt sich für die sehr ausführliche und leichtverständliche Anfahrtsbeschreibung im Vorfeld des Termins. Der B fragt die RS nun nach ihrem Anliegen und greift in dem Zusammenhang das vor wenigen Tagen geführte Telefongespräch auf, in dem die RS von Problemen mit einer ihrer Milchkühe sprach und einen Termin vereinbarte. *Diese Gesprächseröffnung lässt die RS ankommen. Die Frage nach der Anreise ist ein sogenannter Eisbrecher, der die Grundlage für das Gespräch bildet. Insbesondere das Wiederaufgreifen des zuvor geführten Telefonats durch den B gibt der RS ein sicheres und gut aufgehobenes Gefühl. Die RS erkennt, dass sich der B für ihr Problem interessiert. Dadurch entsteht eine vertrauensvolle Basis, diese ist u.a. Voraussetzung einer partnerzentrierten Kommunikation (Crisand, Crisand 2000).*
Die RS bestätigt dies und legt ihre Probleme dem B in ausführlicher Weise dar. Sie gibt an, dass die Kuh seit einiger Zeit deutlich weniger Milch gibt, stark abgenommen hat und nicht mehr wie gewohnt frisst und trinkt. Der B greift das Berichtete auf und stellt der RS konkrete Fragen zur Kuh und zum Krankheitsverlauf. Er erfragt Rasse, Haltungsform, Alter, Gewicht, Verlauf der Milchleistung, bisherige Schwangerschaften, Fütterungsform, Dauer der Problematik, bisherige Interventionen. *In diesem Abschnitt der Beratung nutzt der B offene Fragen, um mehr Informationen in Erfahrung zu bringen und bei der Frage um die bisherigen Interventionen handelt es sich um eine Informationsfrage (Boland, 2010).*
Die RS beantwortet diese Fragen wie folgt: Die Kuh ist eine Deutsch-Holstein, wird in Liegeboxen gehalten und ist 3 Jahre alt. Sie wiegt momentan 500 kg, hat aber 100 kg abgenommen. Zur Mitte der 1. Laktation lag die Milchleistung bei 6000 kg/Jahr und momentan (2. Laktation) sind es noch ca. 4000 kg/Jahr. Die Kuh war bisher zweimal trächtig und wird mit Kraftfutter und Silage gefüttert. Die Probleme begannen vor 4 Monaten und als Interventionen nennt die RS die Gabe von verschiedenen Futtermitteln und Eutermassagen mit Olivenöl und Johanneskraut zur Anrüstung des Euters. Während die RS berichtet macht sich der B Notizen und paraphrasiert das Gesagte im Anschluss.

Die Methodik des Paraphrasierens ist die „einfachste Form des Feedback und gewährleistest, daß die Aussage vollständig im Sinne des Sprechers verstanden wurde."
(Crisand, Crisand, 2000 S. 31)

Daraufhin fragt der B die RS ob die geschilderten Probleme nur als Einzelfall aufgetreten sind oder ob noch weitere Tiere betroffen sind. Die RS führt an, dass dies momentan ein Einzelfall ist und das Gewicht der anderen Tiere und deren Milchleistung im Normalbereich liegen.

Um den Ursachen weiter auf den Grund zu gehen fragt der B, ob die Kuh denn noch weitere Auffälligkeiten aufweist. Die RS muss einige Zeit überlegen und äußert dann, dass ihr vor ca. 3 Monaten bei der Kuh ein Ausschlag am Euter aufgefallen ist, der sich jedoch nach Behandlung mit Melkfett zurückgebildet hat. Der B schreibt sich alles auf und fragt noch, ob sich die Farbe und der pH-Wert der Milch bzw. die darin enthaltene Keimzahl verändert haben.

Zusammenfassend ist über den vorherigen Abschnitt festzuhalten, dass sich der B durch gezielte Fragestellungen ein immer genaueres Bild von Problemsituation verschafft, um genügend Informationen für eine fundierte Lösung zu finden, wie im weiteren Gesprächsverlauf deutlich wird.

Die RS merkt an, dass ihr bezüglich der Milchfarbe nichts aufgefallen ist und die Milch auch geschmacklich keine Einschränkungen aufweist. Zur Keimzahl muss die RS jedoch anmerken, diese bisher nicht untersucht zu haben, dies jedoch bereits für den nächsten Tag veranlasst ist. Der B merkt daraufhin an, dass er von seinem Büro aus natürlich keine explizite Diagnose stellen kann, er jedoch die Vermutung hat, dass es sich um eine Herpesinfektion des Euters handelt. Er begründet seine Vermutung wie folgt: Die Infektion ist zu Beginn als Ausschlag am Euter erkennbar gewesen, hat sich jedoch nach einigen Tagen zurückentwickelt und war demnach von außen nicht mehr sichtbar. Die Infektion hat sich daraufhin innerhalb des Euters ausgebreitet und zur Entzündung der Milchdrüsen geführt. Dies könnte eine Ursache für die nun verminderte Milchleistung und den Gewichtsverlust sein. Die RS ist von dieser Annahme sichtlich erschrocken, steht auf und beginnt nervös im Büro auf- und abzugehen. Der B versucht die RS daraufhin zu beruhigen. Er verdeutlicht, dass es sich hierbei nur um eine Möglichkeit handelt und fragt die RS ob solch eine Infektion in ihrem Viehbestand zuvor schon einmal aufgetreten ist. Er äußert weiterhin, dass eine solche Infektion i.d.R. komplikationslos mit einem Antibiotikum, verschrieben durch einen Tierarzt, behandelt werden kann. Diese Äußerungen beruhigen die RS ersichtlich und sie gibt an, dass Herpesinfektionen bisher nicht aufgetreten sind. Die RS nimmt daraufhin wieder Platz und wirkt regelrecht erleichtert einen gewissen Anhaltspunkt zu haben, woran ihre Milchkuh erkrankt sein könnte. Auch dem B gegenüber äußert sie ihren neugewonnen Mut zur erfolgreichen Genesung ihrer Milchkuh. Der B schlägt der RS nun vor, für sie einen

Tierarzt zu ihrem Hof zu bestellen und diesen im Vorfeld über das bisher in Erfahrung gebrachte zu unterrichten.

Kritisch ist an dieser Stelle anzumerken, dass der Berater über seinen Kompetenzbereich hinaus eine mögliche Diagnose stellt. Er ist kein Tierarzt und kann daher nur vage Vermutungen anstellen. Es wäre von seiner Seite aus kompetenter gewesen, die RS nach Erhebung der Problematik darauf hinzuweisen, dass dies außerhalb seines Kompetenzrahmens liegt und sie direkt an einen Tierarzt zu verweisen (Boland, 2010).

Die RS bedankt sich für dieses Angebot. Der B fasst das Besprochene nun noch einmal im Wesentlichen zusammen und fragt die RS ob noch weitere Fragen von ihrer Seite aus vorhanden sind. Die RS sagt, dass ihr soweit alles klar ist, sie jedoch noch wissen möchte, ob ein Übertragungsrisiko der Herpesinfektion auf die anderen Kühe besteht und sie die erkrankte Kuh daher von den anderen fernhalten muss. Der B antwortet daraufhin, dass eine Herpesinfektion bei direktem Körperkontakt oder Flüssigkeitsaustausch übertragbar ist, er sich die genaue Situation jedoch gerne einmal vor Ort ansehen möchte und ihr in diesem Zusammenhang ein ganzheitliches Infektionsschutzkonzept zu erarbeiten. Diesen Vorschlag nimmt die RS dankend an und nach einer Terminvereinbarung verabschieden sich B und RS voneinander und die RS verlässt das Büro.

Der Vorschlag des B zu einer Terminvereinbarung ist als positiv zu bewerten, da eine genaue Abschätzung der Situation und nachfolgende Handlungsempfehlung für Infektionsschutzmaßnahmen am Hof der RS nur nach Besichtigung des betreffenden Anlage möglich sind.

Zusammenfassend ist zu erkennen, dass sich der Berater bemüht das Gespräch zielführend aufzubauen um zu einer Problemlösung zu kommen, der Aufbau des Beratungsgesprächs ist daher positiv zu bewerten. Zudem behielt der B während des gesamten Gesprächs die Führung und wirkte sehr kompetent und war durchgehend sehr freundlich. Wohingegen die von ihm getroffenen Diagnosen außerhalb seines Kompetenzbereiches liegen, obgleich diese eventuell auf Erfahrungen beruhen. Zudem wurde die RS durch seine Diagnose verunsichert, durch den Verweis an den Tierarzt konnte er sie jedoch wieder beruhigen.

Literaturverzeichnis

Albrecht H. (1969): Innovationsprozesse in der Landwirtschaft. Saarbücken: SSIP, S. 12

Boland H. (1991): Grundlagen der Kommunikation in der Beratung. Gießen: Wissenschaftlicher Fachverlag, S. 85, 4

Boland H. (1991): Interaktionsstrukturen im Einzelberatungsgespräch der landwirtschaftlichen Beratung, Kiel: Wissenschaftlicher Verlag Vauk: S. 282

Boland H. (2010): Unterlagen zur Veranstaltung Agrar- und Unternehmensberatung BP 63 am 27. 04. 2010, Folie 25, 19, 20, 22

Boland H. (2010): Unterlagen zur Veranstaltung Agrar- und Unternehmensberatung BP 63 am 04.05.2010, Folie 12

Crisand E., Crisand M.(2000): Psychologie der Gesprächsführung: mit Tabellen Heidelberg: Sauer, S.28